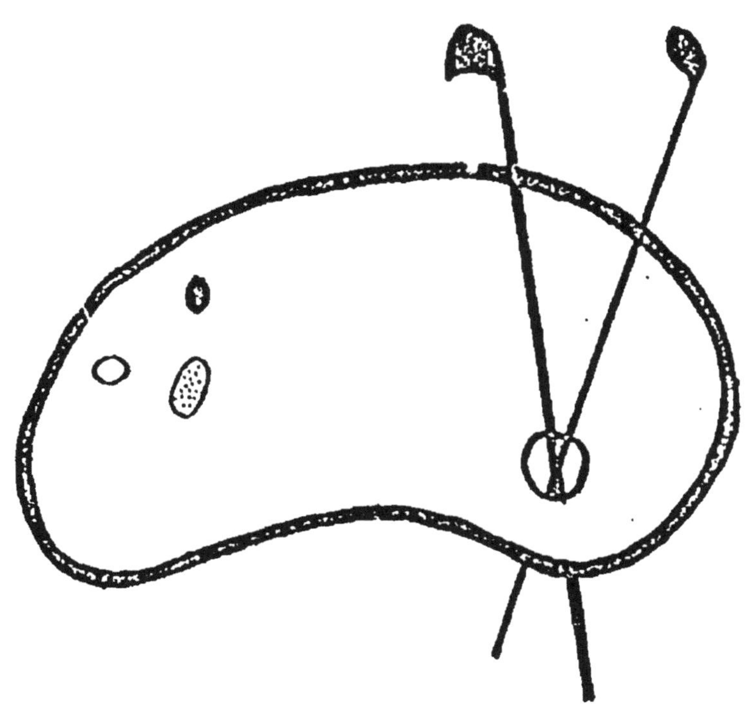

DEBUT D'UNE SERIE DE DOCUMENTS
EN COULEUR

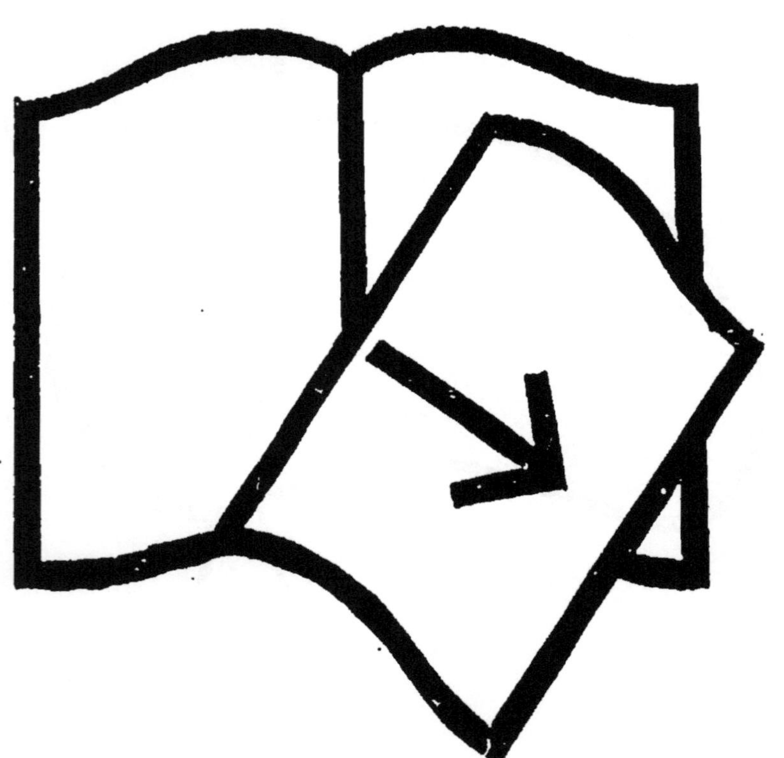

Couverture Inférieure manquante

BIBLIOTHÈQUE GÉNÉRALE DE PHOTOGRAPHIE

LES
RAYONS RÖNTGEN

PAR

M. Charles HENRY

MAÎTRE DE CONFÉRENCES A LA SORBONNE

(Avec 12 figures dans le texte)

PARIS
SOCIÉTÉ D'ÉDITIONS SCIENTIFIQUES
PLACE DE L'ÉCOLE DE MÉDECINE
4, RUE ANTOINE-DUBOIS, 4

1897

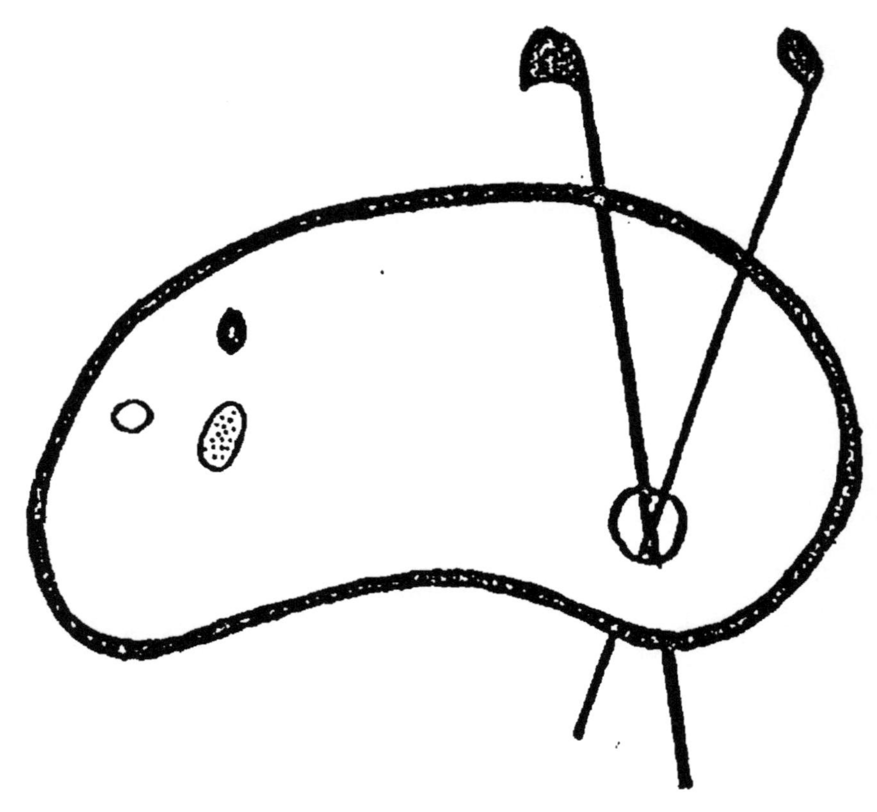

FIN D'UNE SERIE DE DOCUMENTS
EN COULEUR

LES RAYONS RÖNTGEN

DERNIÈRES PUBLICATIONS DE M. CHARLES HENRY
1895-1896

Abrégé de la théorie des Fonctions elliptiques. Nony, 1895

Quelques aperçus sur l'Esthétique des Formes, Nony, 1895.

Influence du rythme des successions d'éclats sur la sensibilité lumineuse. (Comptes rendus de l'Académie des Sciences, 21 Janvier 1895.)

Démonstration, par un nouveau pupillomètre, de l'action directe de la lumière sur l'iris. (Comptes rendus, 17 Juin 1895.)

Sur les variations de l'éclat apparent avec la distance et sur une loi de ces variations en fonction de l'intensité lumineuse. (Comptes rendus, 24 Juin 1895.)

Problèmes actuels du Cyclisme. (Revue Encyclopédique, 1er Août 1895.)

Quelques résultats de la théorie du Cycle. (Touring Club de France, 15 Novembre 1895.)

Sur un dynamomètre de puissance spécialement applicable aux études physiologiques. (Comptes rendus, 18 Nov. 1895.)

Augmentation du rendement photographique des rayons Röntgen par le sulfure de zinc phosphorescent. (Comptes rendus, 10 Février 1896.)

Applications à la tachymétrie et à l'ophtalmologie d'un mode de production, jusqu'ici inexpliqué, de la couleur. (Comptes rendus, 17 Février 1896.)

Sur le principe d'un accumulateur de lumière. (Comptes rendus, 16 Mars 1896.)

Le toton chromogène. (La Nature, 28 Mars 1896.)

Sur les rayons Röntgen. (Comptes rendus, 30 Mars 1896.)

Sur la détermination, par une méthode photométrique nouvelle, des lois de la sensibilité lumineuse aux noirs et aux gris. (Comptes rendus, 27 Avril 1896.)

Sur la relation générale qui relie à l'intensité lumineuse les degrés successifs de la sensation et sur les lois du contraste simultané des lumières et des teintes. (Comptes rendus, 18 Mai 1896.)

Sur la photométrie du sulfure de zinc phosphorescent exposé aux rayons cathodiques dans l'ampoule de Crookes (en commun avec G. Seguy.) (Comptes rendus, 26 Mai 1896.)

Sur un nouvel audiomètre et sur la relation générale entre l'intensité sonore et les degrés successifs de la sensation. (Comptes rendus, 1er Juin 1896.)

Sur une relation de l'énergie musculaire avec la sensibilité et sur les lois des variations de cette énergie en fonction du temps. (Comptes rendus, 8 Juin 1896.)

Sur les relations de la sensibilité thermique avec la température. (Comptes rendus, 15 Juin 1896.)

Énergie musculaire et sensibilité; méthode nouvelle de détermination des distances respectives de centres sensitifs aux centres moteurs. (Société de biologie, 18 Juillet 1896.)

BIBLIOTHÈQUE GÉNÉRALE DE PHOTOGRAPHIE

LES
RAYONS RÖNTGEN

PAR

M. Charles HENRY

MAÎTRE DE CONFÉRENCES A LA SORBONNE

(Avec 12 figures dans le texte)

PARIS
SOCIÉTÉ D'ÉDITIONS SCIENTIFIQUES
PLACE DE L'ÉCOLE DE MÉDECINE
4, RUE ANTOINE-DUBOIS, 4
1897

I

BOBINE D'INDUCTION ET PHOSPHORESCENCE.

La brillante découverte du professeur Wilhelm-Conrad Röntgen a eu pour résultat de faire pénétrer dans le grand public nombre de notions physiques qui, jusqu'ici, étaient restées confinées dans le domaine restreint des spécialistes. Quelques préliminaires sur deux objets qui jouent un grand rôle dans la question, la bobine d'induction et les corps phosphorescents, ne seront donc pas inutiles.

Tout le monde sait que les actions chimiques donnent naissance, dans les piles, à des courants *continus* d'une force *électro-motrice* ou *tension* qui caractérise la pile, et d'une *intensité* variable avec les résistances du circuit.

La force électro-motrice est quelque chose comme la pression qui détermine l'écoulement d'un liquide dans une conduite : l'intensité, c'est-à-dire la quantité d'électricité qui traverse en une seconde la

section du conducteur, est quelque· chose comme
le poids de l'eau qui traverse en un temps donné
la section d'une conduite.

La bobine de Ruhmkorff, perfectionnement de
l'invention de Faraday, est un générateur de courants
alternatifs, c'est-à-dire de courants dont le sens est
périodiquement renversé ; c'est aussi un transfor-
mateur de courants très intenses et de tension faible
en courants de tension formidable et d'intensité
faible. Supposez que nous comprimions une artère
de caoutchouc dans laquelle l'eau circule à une
certaine pression : nous diminuons le débit à la
seconde d'un robinet fixé à l'extrémité de cette
artère, mais nous augmentons la pression avec
laquelle l'eau s'échappera. La bobine transforme
d'une manière analogue l'énergie électrique. Ses
effets peuvent devenir terribles : l'appareil d'élec-
trocution employé actuellement aux États - Unis
n'est pas autre chose qu'une bobine d'induction.

La tension dépend directement du nombre par
seconde des ruptures du courant alternatif; de ce
que l'on appelle la *fréquence*. La fréquence, qui
est couramment de 100 environ à la seconde, a
atteint d'abord, dans certains dispositifs de M. Teslà,
le nombre de 10,000 ; elle peut atteindre maintenant dans certains appareils médicaux les chiffres
de 200,000 à 1 million.

Les corps phosphorescents n'ont rien de commun avec le phosphore : ce sont des corps qui absorbent de la lumière visible ou invisible, la transforment en radiations d'autre espèce, puis la restituent dans l'obscurité suivant des lois de déperdition plus ou moins rapides. Il n'y a aucun rapport connu entre cette singulière propriété et la composition chimique ; les sulfures de calcium, de baryum, de strontium, le sulfure de zinc préparé d'une manière particulière, etc., sont phosphorescents. Quand la transformation des radiations reçues cesse en même temps que l'éclairement des corps, comme c'est le cas pour le sulfate de quinine, le nitrate d'urane, l'écorce de marronnier d'Inde, le platino-cyanure de baryum, etc., ces corps sont dits *fluorescents*. On tend depuis Wiedemann à envelopper tous ces phénomènes sous une désignation commune : *la luminiscence*.

II

ÉTAT RADIANT, RAYONS CATHODIQUES ET RAYONS X.

Nous connaissons tous les illuminations classiques des tubes de Geissler et de l'œuf électrique : ce sont des étincelles qui se produisent entre les deux pôles d'une bobine d'induction dans un milieu raréfié d'air et d'autant plus brillantes que le vide est plus parfait jusqu'à une certaine limite dans le tube ou dans l'œuf.

Ces vides ne sont que relatifs. En réduisant à quelques millionièmes d'atmosphère la pression de ces tubes, Crookes découvrit à la *cathode* ou pôle négatif un espace obscur, autour de *l'anode* ou pôle positif une belle illumination due à la mise en jeu de la fluorescence du verre, dans les zones intermédiaires des cercles brillants très nets. Ces phénomènes disparaissent dès que la pression de l'air augmente un peu ; ils disparaissent encore quand on pousse le vide plus avant ; Crookes les attribua à un état extrêmement raréfié de la matière, l'*état radiant*, et on crut généralement que les rayons émis par la cathode (d'où le nom de *cathodiques*), rayons auxquels Lénard découvrit la singulière propriété d'être déviés par l'aimant dans les tubes raréfiés, ne pouvaient se propager que dans le milieu radiant.

Hertz avait remarqué que les rayons cathodiques traversent les lames minces d'aluminium ; utilisant cette découverte de son maître, Lénard réussit à les faire sortir dans l'air à travers une mince fenêtre d'aluminium assez résistante cependant pour tenir le vide de son tube. L'étude devenait désormais plus facile. Le savant hongrois constata qu'ils illuminent les corps phosphorescents et qu'invisibles pour notre œil, ils viennent impressionner à distance des plaques photographiques, même à travers de minces écrans de carton. Les royons cathodiques n'étaient cependant point des rayons chimiques ordinaires, car ceux-ci ne sont point déviés par l'aimant.

C'est en répétant les expériences de Lénard que Röntgen découvrit ses fameux rayons ; en cherchant à résoudre un problème, il réussit à en poser un second ; sur les rayons cathodiques, assez mystérieux, se greffèrent les rayons X, également mystérieux. C'est ainsi que la nature accueille d'ordinaire nos curiosités indiscrètes. Röntgen avait entouré le tube de Crookes d'un écran de papier noir qui s'y adaptait exactement, papier opaque pour les rayons ultra-violets, la lumière du soleil ou de l'arc électrique et cependant un écran recouvert de platino-cyanure de baryum s'illuminait brillamment au voisinage du tube et cela sans que la face enduite de platino-cyanure fût tournée vers le tube. L'excitation de la fluorescence était encore notable à 2 mètres du tube. Les rayons cathodiques n'avaient point ce pouvoir : un livre de mille pages, des planches de plusieurs centimètres d'épaisseur furent traversés ; il fallait bien admettre, provisoirement au moins, l'existence de nouveaux rayons. Lénard les avait d'ailleurs rencontrés et les avait *presque* distingués par leur propriété de n'être pas déviés par l'aimant à l'intérieur de son tube.

III

LES PRÉCURSEURS DE RÖNTGEN ;
LA « LUMIÈRE NOIRE ».

La photographie à travers les corps opaques,
qui a été pour le public quelque chose comme
un feu d'artifice dans la nuit, se rattache directement, comme on le voit, aux travaux de Crookes
sur la matière radiante et de Lénard sur les rayons
cathodiques ; elle a été précédée encore de quelques recherches dont les résultats n'ont peut-être
avec les nouveaux rayons d'autres rapports que
l'analogie des effets sur la plaque photographique ;
il importe cependant de les rappeler brième-
ment.

En 1880, M. Cornu a noté que l'on peut
observer des effets de fluorescence à travers une
lame d'argent déposé chimiquement, assez épaisse
pour arrêter les rayons lumineux ordinaires.
M. de Chardonnet a pu ainsi photographier, à

travers un miroir recouvert d'argent et opaque pour notre œil, une petite statuette en marbre de Carrare ; il a montré aussi que l'invisibilité de ces rayons tient à leur absorption par les milieux de notre œil, en particulier par le cristallin.

En 1886, le Dr Boudet de Pâris et M. Tommasi ont obtenu, dans l'obscurité la plus complète, des impressions de plaques sensibles avec l'effluve électrique obscure émise par une machine électrique de Holtz, c'est-à-dire par une machine donnant de l'électricité par frottement ; tout récemment M. G. Moreau a vérifié ces faits : il a produit une aigrette électrique entre une pointe reliée au pôle positif et un petit plateau relié au pôle négatif d'une bobine d'induction ; en disposant parallèlement à l'aigrette une petite boîte renfermant divers objets placés sur une plaque sensible, il a obtenu des images.

On sait que, d'après les idées de Maxwell, brillamment confirmées par Hertz, les rayons lumineux sont des vibrations qui ne diffèrent que par leur fréquence des vibrations électriques ; la vitesse de propagation de ces deux sortes d'ondes est voisine de 300,000 kilomètres à la seconde. Entre les radiations électriques et les radiations lumineuses se placent, au point de vue de la fréquence, les radiations calorifiques ; outre les radiations lumineuses, toutes les sources connues émettent des radiations invisibles beaucoup plus *fréquentes* : ce sont les rayons ultra-violets auxquels on attribuait presque exclusivement jusqu'ici les actions chimiques de la photographie. Il résulterait des expériences précédentes que les vibrations peu fréquentes sont, aussi bien que les vibrations rapides, capables de décomposer le gélatino-bromure d'argent, à moins, ce qui est très possible, que des rayons de très grande fréquence de vibration n'accompagnent toujours les radiations de très petite fréquence : M. Wiedemann a trouvé récemment dans les décharges électriques ordinaires des rayons que l'aimant ne dévie pas et qui, comme les vibrations très rapides, excitent la fluorescence.

C'est sans doute aux radiations électriques qu'il faut rapporter la « *lumière noire* ». D'après le Dr Gustave le Bon, quand on fait tomber pendant plusieurs heures sur des surfaces métalliques de la lumière visible, comme celle d'une lampe à pétrole ou de l'arc électrique, il se produit des radiations qui ne traversent pas le papier noir, qui traversent mal les corps organisés, mais assez bien les métaux ; ces radiations qui pourraient se condenser à la surface des métaux, peuvent produire sur la plaque photographique des images d'objets intercalés entre le métal et la plaque. Les conditions de succès de ces expériences sont malheureusement encore peu

connues ; les différences d'éclairage des différents
points de la plaque, l'impureté des métaux employés
doivent jouer un grand rôle dans la production
de ces phénomènes.

IV

LE DISPOSITIF EXPÉRIMENTAL.

Ce qui a contribué beaucoup au succès des rayons X et de leurs applications est l'extrême facilité de les produire. Voici le dispositif auquel on s'est rallié en France dès la première nouvelle de la découverte ; c'est en particulier le dispositif que M. Seguy mit à la disposition des chercheurs dès le début du mouvement. Prenez six piles Radiguet au bichromate de potasse, une forte bobine donnant des étincelles de 8 centimètres de longueur, une forte ampoule de Crookes, reliez par un fil au pôle négatif de la bobine l'une des électrodes (c'est-à-dire l'un des conducteurs d'aluminium soudés dans le verre), reliez l'autre au pôle positif ; dès que vous établissez les contacts qui permettent à l'étincelle de jaillir au trembleur de la bobine, vous voyez l'ampoule s'illuminer d'une belle lueur verdâtre. Enveloppez maintenant de deux feuilles de ce papier noir-bleu qui sert à empaqueter les plaques photographiques, et qu'on appelle *papier-aiguille*, une plaque sensible au gélatino-bromure ; placez cette plaque sur une table, à dix centimètres de l'ampoule : appliquez votre main sur le papier noir ; mettez à côté de votre main votre montre ; l'opération finie, plongez la plaque dans un bain développateur énergique comme le bain du « cristallos » ou encore dans un bain à l'acide pyrogallique ; au bout de cinq à six minutes vous voyez apparaître une image de la main et de la montre.

Ces deux images, naturellement, apparaissent en blanc sur le fond noir du cliché négatif ; mais vous remarquerez bien vite que la teinte est plus blanche au milieu du doigt que sur le contour : c'est l'ombre des os; la montre apparaît encore plus en blanc que les os, car elle est plus absorbante des radiations nouvelles.

Ce ne sont point là des photographies : on est convenu assez généralement maintenant de réserver le nom de *radiographies* à ces sortes d'images.

On peut employer d'autres dispositifs que la pile et la bobine; on a utilisé les machines produisant par frottement l'électricité dite statique; on s'est servi de simples lampes à incandescence avec les courants à haute fréquence et à haute tension de Nicolas Teslà, dont nous parlions il y a un instant.

Les ampoules s'améliorent parfois à l'usage, mais le plus souvent elles se gâtent plus ou moins vite, car elles perdent leur pression efficace. Il faut toujours commencer par des courants peu intenses que l'on augmente progressivement. On améliore le tube en renversant de temps à autre avec le commutateur de la bobine le sens des décharges. Il se produit sans doute alors dans l'ampoule des recompositions encore mal définies de gaz raréfiés. Les gaz d'ailleurs pénètrent à l'intérieur du verre sous l'influence du courant cathodique (Gouy); on peut les en faire sortir et ramener la pression optima en chauffant l'ampoule.

V

LES PROPRIÉTÉS DES RAYONS X.

Le mémoire original du célèbre professeur de Würtzbourg attribuait aux nouveaux rayons les propriétés les plus singulières : pas de réflexion, pas de réfraction, pas de polarisation. Les dernières recherches ont apporté quelques restrictions à ces affirmations trop absolues.

La vérité est que les rayons Röntgen ne sont déviés que très peu par un prisme en aluminium (l'indice de réfraction ne peut différer de l'unité de plus de 1/200000 d'après M. Gouy); ils ne se réfractent pas sensiblement en passant de l'air dans l'eau, dans le sulfure de carbone, le sel gemme, le verre, etc. Ils ne semblent pas se réfléchir régulièrement à la surface des corps : ils sont diffusés, à peu près comme la lumière par les milieux troubles, et en outre souvent transformés.

Par suite de la réflexion et de la réfraction

(dans certains cristaux par suite de la réfraction seule) il se produit pour la lumière ce que l'on appelle la *polarisation*. Si l'on prend deux plaques de tourmaline taillées parallèlement à l'axe, c'est-à-dire à la ligne idéale qui passe par le centre du cristal, et si, les plaçant l'une derrière l'autre, on fait tomber sur cet assemblage un pinceau de rayons lumineux, la lumière passe ou ne passe pas suivant l'orientation respective des deux plaques. Cela tient à ce que la tourmaline ne présente pas une structure moléculaire identique dans toutes les directions ; si on admet que la lumière est *quelque chose* qui vibre dans toutes les directions qui sont perpendiculaires au sens de propagation du rayon (*vibrations transversales*), on conçoit que les vibrations puissent être arrêtées dans certains plans et, au contraire, se propager dans un plan orienté d'une manière particulière : c'est cette orientation qui constitue la *polarisation*.

Les rayons Röntgen, que leur inventeur n'avait pu polariser, se polariseraient légèrement d'après des recherches délicates et mal confirmées jusqu'ici du prince B. Galitzine et A. de Karnojitzky.

Quand, après avoir jeté une pierre dans l'eau, on en jette une seconde et que les cercles concentriques qui rident la surface viennent à se rencontrer, il se présente deux cas bien différents : si, au moment où elle est sollicitée par le premier système d'ondes, la particule liquide est sollicitée dans la même direction par le second système, il y aura fusion des deux mouvements en un mouvement unique d'amplitude double; au contraire, si au moment où le premier système tend à élever la particule, le second système tend à l'abaisser, il ne se produira sous l'action simultanée de ces deux forces contraires aucun mouvement. Supposons que les ondes d'un milieu hypothétique impondérable que nous appelons *éther* se propagent avec la vitesse de la lumière perpendiculairement à la direction du rayon lumineux comme les ondulations de cette nappe liquide : appelons *longueur d'onde* la distance de deux crêtes ; on comprend immédiatement que, pour la lumière comme pour l'eau, lorsque l'un des systèmes d'ondes sera en avance sur l'autre d'une longueur d'onde, il y aura addition des vitesses et accroissement de l'intensité lumineuse ; si, au contraire, l'un des systèmes est en avance sur l'autre d'une demi-longueur d'onde ou d'un nombre impair de demi-longueurs d'onde, les sommets de l'un des systèmes coïncidant avec les creux de l'autre, il y aura repos parfait de l'éther ou obscurité, de même qu'il y a dans les mêmes conditions retour de l'eau au niveau mort : c'est ce qu'on appelle une *interférence*. Röntgen n'a pas pu constater d'interférence de ses rayons : mais puisqu'on vient très vraisemblablement de découvrir qu'ils se polarisent, la découverte de leur interférence ne se fera pas attendre.

La lumière visible suit dans son absorption par les différents corps, une loi qui n'a jamais pu être reliée à aucune caractéristique des corps : un rayon lumineux qui traverse sans absorption sensible des kilomètres de cristal est arrêté complètement par une mince lame de métal ou une feuille de papier. La densité des corps n'a évidemment rien à voir dans cette absorption. Il n'en est pas de même pour les rayons X. MM. Battelli et Garbasso ont trouvé, par une méthode fondée sur la comparaison photométrique de clichés photographiques, que la quantité de rayons X transmis à travers un corps est d'autant plus grande que sa densité est plus faible ; une loi de proportionnalité inverse se vérifierait presque rigoureusement : par exemple le liège, très léger, laisse passer presque tout ; le plomb, au contraire, arrête presque tout à fait le rayonnement. Les quelques exceptions qu'on a trouvées à cette loi s'expliqueront, sans doute, par quelque luminiscence des corps en question.

Les résultats obtenus avec les rayons X ne sont pas moins paradoxaux quand on considère leur absorption par des épaisseurs différentes d'un même corps. La lumière suit une loi très rapide d'extinction : par exemple s'il passe après un mètre d'épaisseur la moitié de la lumière incidente, après deux mètres il passera la moitié de cette moitié, c'est-à-dire le quart ; après trois mètres, la moitié de ce quart, c'est-à-dire le huitième. Au contraire, les rayons X ne sont absorbés que sensiblement en raison directe de l'épaisseur : si, après un mètre, il passe la moitié de ces rayons, après deux mètres il en passera le quart, après trois mètres le sixième, etc.

Röntgen, MM. Benoist et Hurmuzescu ont montré que les rayons X déchargent des corps électrisés. Cette observation est importante, car elle est le point de départ de la seule méthode de mesure un peu précise que nous possédions pour les rayons X ; elle nous permet d'y employer l'électroscope à feuilles d'or. D'après M. Chappuis, le temps que ces radiations mettent à faire tomber les feuilles de l'électroscope est proportionnel à leur puissance photographique : on mesure cette puissance par l'inverse du temps de pose nécessaire pour obtenir une radiographie. Ce temps est encore proportionnel aux carrés des distances de la paroi anticathodique du tube à l'armature positive du condensateur mis en communication avec les feuilles de l'électroscope.

Les métaux les plus absorbants pour ces rayons, comme le platine, le plomb, sont ceux qui se déchargent le plus vite sous leur influence : cela était à prévoir.

M. Piltschikoff a trouvé que l'action déchargeante se produit même à travers une couche électrique double et un disque de zinc opaque pour les rayons ; M. Lafay a recueilli de l'électricité transportée par ces rayons ; en frappant un corps électrisé, ils expulsent les particules gazeuses condensées à la surface ou occluses jusqu'à une certaine profondeur ; en effet, la vitesse de dissipation de l'électricité par les rayons dépend non seulement du corps, mais encore du milieu ; elle est proportionnelle, d'après MM. Benoist et Hurmuzescu, à la racine carrée de la densité du gaz dans lequel est plongé le conducteur électrisé.

D'après M. Émile Villari, la vitesse de décharge du conducteur se ralentit lorsqu'on diminue la surface du conducteur électrisé exposée à l'air en recouvrant une partie de cette surface d'une couche de paraffine.

MM. J.-J. Thomson et Röntgen ont pu décharger des corps électrisés en faisant passer sur ces corps de l'air préalablement traversé par les rayons. M. Jean Perrin a déchargé en quelques secondes un corps électrisé situé dans une atmosphère en repos, sans effleurer ce corps, simplement en faisant traverser aux rayons le milieu gazeux environnant.

————————

VI

LES RAYONS DE PHOSPHORESCENCE.

M. Röntgen a constaté que l'intensité de l'effet de ses rayons diminue à partir du tube sensible-ment en raison inverse du carré de la distance, c'est-à-dire qu'à 2 mètres ils agissent quatre fois moins qu'à 1 mètre, à 3 mètres neuf fois moins, etc. Il s'est demandé naturellement si l'action photographique est un effet direct sur le gélatino-bromure d'argent ou un effet secondaire dû à la fluorescence de la gélatine dans laquelle le bromure est émulsionné sur les plaques. D'après les expériences de M. Colson, les rayons agiraient directement sur le bromure, sans l'intermédiaire du verre et de la gélatine. Quoi qu'il en soit, le verre de l'ampoule, en émettant ces rayons, devient fluorescent : « Ne peut-on alors se demander si tous les corps dont la fluorescence est suffisam-ment intense n'émettent pas, outre les rayons lumineux, des rayons X de Röntgen, *quelle que soit la cause de leur fluorescence ?* Les phénomènes ne seraient plus alors liés à une cause électrique. Cela n'est pas très probable, mais cela est possible, et sans doute assez facile à vérifier. » M. Henri Poincaré s'exprimait ainsi dans une publication portant la date du 30 janvier (1). Le 10 février, je présentais à l'Académie une note sur la possibilité d'augmenter le rendement photographique des rayons X par l'emploi du sulfure de zinc phosphorescent et sur l'émission, par ce sulfure, de rayons capables de traverser les corps opaques, que le sulfure ait été excité par le soleil ou par la lumière du magnésium. C'était, en même temps que la confirmation de l'hypothèse de M. Poincaré, hypothèse implicitement admise par M. Röntgen, une transformation de la question (2).

J'ai donné à mes expériences sur l'accroissement du rendement photographique des rayons X

(1) *Revue générale des sciences.*

(2) « Liées d'abord, pour le renforcement des radiations, aux rayons découverts par M. Röntgen, les substances phosphorescentes s'en dégagent comme par enchantement ; une nouvelle découverte prend la place de celle qui vient d'être accueillie avec un si grand enthousiasme et qui n'en formera désormais qu'un cas particulier. En quelques semaines, la physique française a regagné le temps perdu ; elle paie sa dette au trésor commun et l'augmente d'un gros intérêt ». (CH.-ED. GUILLAUME, *Les Radiations nouvelles*, p. VIII.)

par mon sulfure de zinc phosphorescent différentes formes.

Je place sur le double papier aiguille enveloppant la plaque photographique un fil de fer et sur ce fil diverses pièces de monnaie : une pièce de 5 francs que j'enduis de sulfure à gauche et au-dessus (fig. 1, *a*), une pièce de 5 centimes enduite de sulfure en dessous (*b*), une pièce de 10 centimes

Fig. 1.

Expériences de l'auteur sur l'augmentation du rendement photographique des rayons Röntgen par le sulfure de zinc phosphorescent.

enduite de sulfure en dessus (*c*), enfin une pièce de 5 centimes non enduite de sulfure (*d*). Or, sur le cliché, on aperçoit nettement l'image du fil derrière la pièce de 10 centimes et la pièce de 5 centimes, derrière la partie traitée de la pièce de 5 francs ; le fil demeure invisible derrière la pièce de 5 centimes non enduite. J'ai aussi rendu visibles derrière une plaque d'aluminium de 6 millimètres d'épaisseur des pièces de monnaie dans les portions où la plaque avait été enduite sur sa surface supérieure ou sa surface inférieure de sulfure de zinc phosphorescent : la pièce placée derrière les parties intactes de la plaque reste invisible sur le cliché photographique.

La même plaque d'aluminium exposée soit à la lumière du jour, soit à la lumière du magnésium, sur des doubles feuilles de papier aiguille enveloppant une plaque sensible, impressionne le gélatinobromure dans les portions où elle a reçu du sulfure de zinc. Ce cliché n'accuse aucune ombre dans les portions correspondantes aux parties non sulfurées. Les corps phosphorescents émettent donc des radiations capables de traverser les corps opaques.

Ces résultats ont été confirmés par M. Niewenglowski avec le sulfure de calcium, par M. Henri Becquerel avec des cristaux de sulfate double d'uranium et de potassium qui n'est pourtant que fluorescent, par M. Troost, avec du sulfure de zinc phosphorescent préparé par un procédé différent du mien.

M. Henri Becquerel a constaté de plus que les rayons émis par les corps phosphorescents se réfléchissent, se réfractent et se polarisent comme les rayons ultra-violets ; ils déchargent comme ceux-ci, les corps électrisés ; ils semblent mieux traverser les métaux que les rayons émanés de l'ampoule de Crookes ; enfin les radiations nouvelles sont émises, non seulement par les sels d'urane, mais par l'uranium lui-même, et avec une plus grande intensité par le métal que par les sels.

Les animaux qui deviennent phosphorescents après la mort comme les soles, les maquereaux, etc., émettent des radiations qui permettent de les radiographier à travers des corps opaques (Gustave le Bon). Il était intéressant de reprendre, à ce point de vue, la photométrie assez bien connue du ver luisant et de toutes les bestioles phosphorescentes par excitation physiologique : M. R. Dubois a impressionné des plaques à travers des doubles et triples épaisseurs de papier aiguille avec la lumière du syphon de la Pholade dactyle et diverses cultures liquides de photobactériacés ; j'ai atteint le même résultat avec les vers luisants.

M. Ch.-V. Zenger avait obtenu en 1893, dans la nuit, des vues photographiques du mont Blanc et du lac de Genève : ces actions s'expliquent bien maintenant par la phosphorescence des glaciers et autres objets reproduits.

On a produit diverses affirmations sur des différences d'opacité que présenteraient les mêmes milieux (métaux, papiers, etc.) aux rayons X, aux différents rayons de phosphorescence, à la « lumière noire » ; mais, faute de mesures rigoureuses des intensités dans ces diverses conditions, de pareilles assertions n'ont évidemment aucun sens.

VII

LES DERNIERS PERFECTIONNEMENTS
DE LA TECHNIQUE.

Toutes ces études ont conduit à perfectionner le dispositif d'expériences et à diminuer la durée si fatigante de la pose. Le vide le plus favorable de l'ampoule, pour les tubes en forme de poire, est de 1/1000 de millimètre de mercure. Pour les tubes de forme cylindrique le vide optimum est seulement de 1/100.

Ces vides extrêmes, on les mesure par un appareil peu connu, la jauge de Mac-Leod. Le tube A (fig. 2) représente la trompe à mercure; les gouttes, en tombant, font le vide dans l'ampoule B qui communique avec ce tube. Une fois le vide établi, on ferme les robinets de communication de l'ampoule B et du tube C avec la trompe; quand on soulève le réservoir D, le mercure contenu dans ce réservoir monte dans le tube C

et dans le tube qui lui est soudé C'; on comprime
ainsi le gaz dans le tube qui est soudé au-dessus de
l'ampoule; mais on connaît le volume de ce tube par
rapport au volume de l'ampoule : on connaît aussi

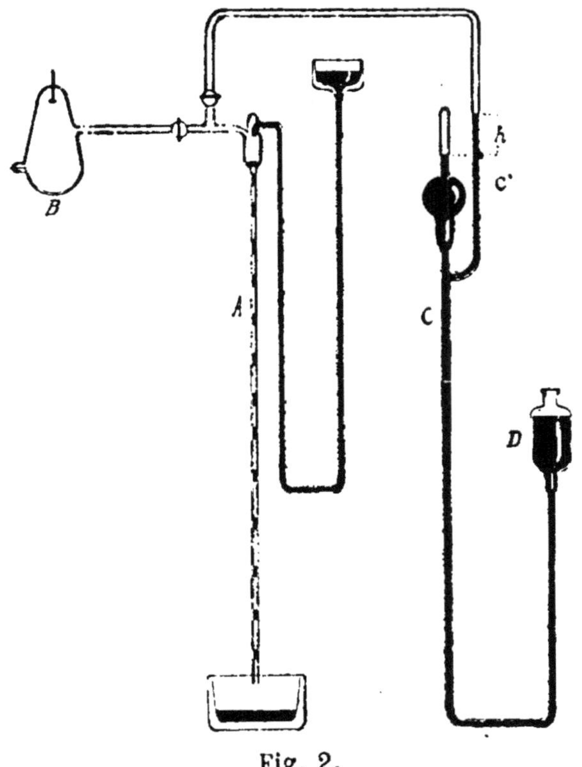

Fig. 2.

La jauge de Mac Leod.

la pression de ce gaz dans ce tube par la différence
h des niveaux du mercure dans les deux tubes
communiquants. Appliquant la loi de Mariotte, on
pose que la pression cherchée est à la pression

produite artificiellement par le jeu du réservoir

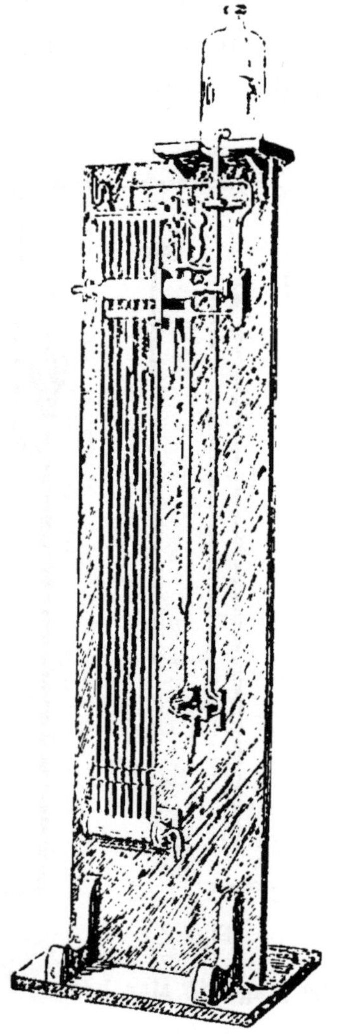

Fig. 3.

Pompe à mercure de G. Seguy.

comme le volume nouveau du gaz (le tube au-dessus de l'ampoule) est à son volume ancien (l'ampoule) : on tire la pression cherchée.

Un des moyens les plus commodes de faire ces vides est la nouvelle pompe de G. Seguy (fig. 3) : elle permet avec les huit chutes de mercure par ses huit tubes verticaux de vider en deux heures à un millionième d'atmosphère la capacité d'un litre ; elle n'a point de robinets : tous les tubes sont fermés à la lampe; donc pas de fuite possible; il n'y a pas davantage de chances de rentrée d'air par la base des tubes, car le récipient dans lequel ils plongent tous est rempli de mercure. Pour la faire fonctionner, il suffit de souder aux récipients convenables la pièce à vider ; de fermer tous les orifices, de remplir de mercure le flacon placé à droite, au-dessus de l'appareil ; la trompe se met immédiatement en marche.

Avec l'interrupteur de Foucault, caractérisé par ceci que le nombre de ses oscillations est variable suivant la longueur d'un pendule, le nombre le plus favorable d'interruptions de la bobine est de dix à la seconde (James Chappuis).

A ce type d'interrupteurs se rattache l'interrupteur figuré ci-contre (fig. 4, 5 et 6) qui donne d'excellents résultats; les interruptions sont produites par les mouvements alternatifs d'une tige M plongeant ou non dans le godet à mercure F ; cette tige est actionnée par un petit moteur électrique indépendant ; *p* est une roue de réglage pour la tension du ressort *r* ; L est un bras de levier soulevé par la came C, laquelle est fixée sur l'axe du moteur B ; A est la bobine de l'électro-aimant du moteur ; V est une vis de butée permettant de régler l'amplitude des oscillations du levier.

Fig. 4.

L'Interrupteur genre Foucault, de la Société « l'Optique ».

Il convient de choisir les plaques au gélatino-bromure d'argent les plus sensibles aux rayons ordinaires : les plaques au collodion sont très peu impressionnables par les nouveaux rayons : les sels de platine et de métaux très absorbants pour ces radiations sont indiqués.

M. d'Arsonval recouvre les objets à photographier
d'un verre d'urane; M. Basilewsky, d'une feuille

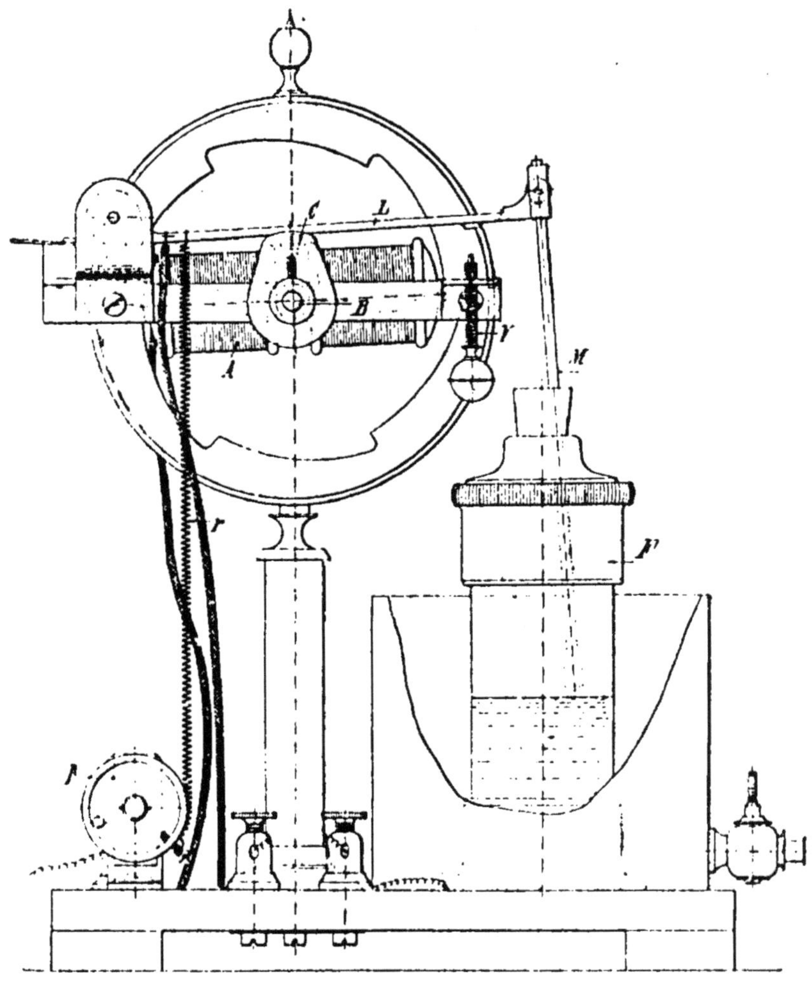

Fig. 5.
Coupe verticale de l'Interrupteur précédent.

de papier enduite d'une couche au platino-cyanure
de baryum; M. Piltschikoff place des substances

phosphorescentes dans les ampoules ; Edison recommande le tungstate de calcium.

M. Hurmuzescu entoure l'extrémité voisine de la cathode d'une feuille d'étain ; le professeur W. Kœnig, de Francfort, emploie une cathode concave dont le foyer est au centre de l'ampoule et intercepte

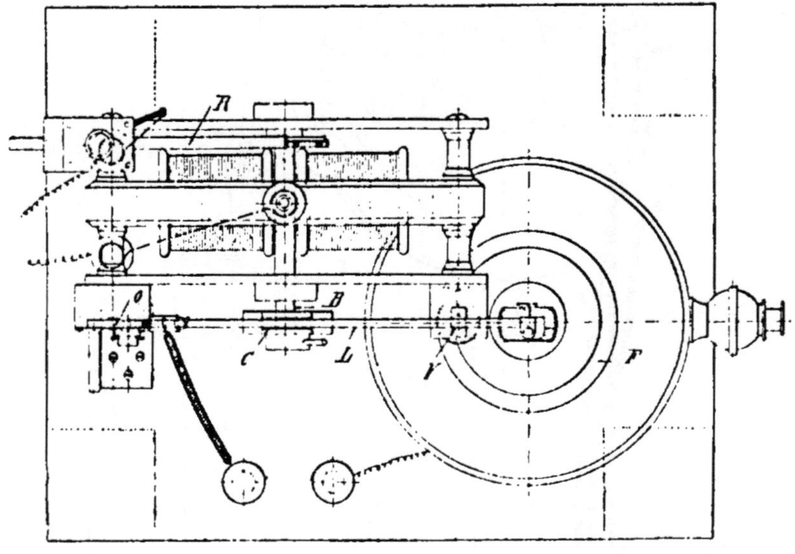

Fig. 6.

Coupe horizontale de l'Interrupteur précédent.

les rayons X en cet endroit par une lame de platine. M. G. Meslin déplace et concentre la tache fluorescente dont émanent les rayons en déviant par un aimant les rayons cathodiques à l'intérieur du tube. M. Silvanus-P. Thompson emploie sous le nom de *focus* un tube en forme de poire, muni à l'une

de ses extrémités d'une cathode légèrement concave
qui fait converger les rayons cathodiques sur une

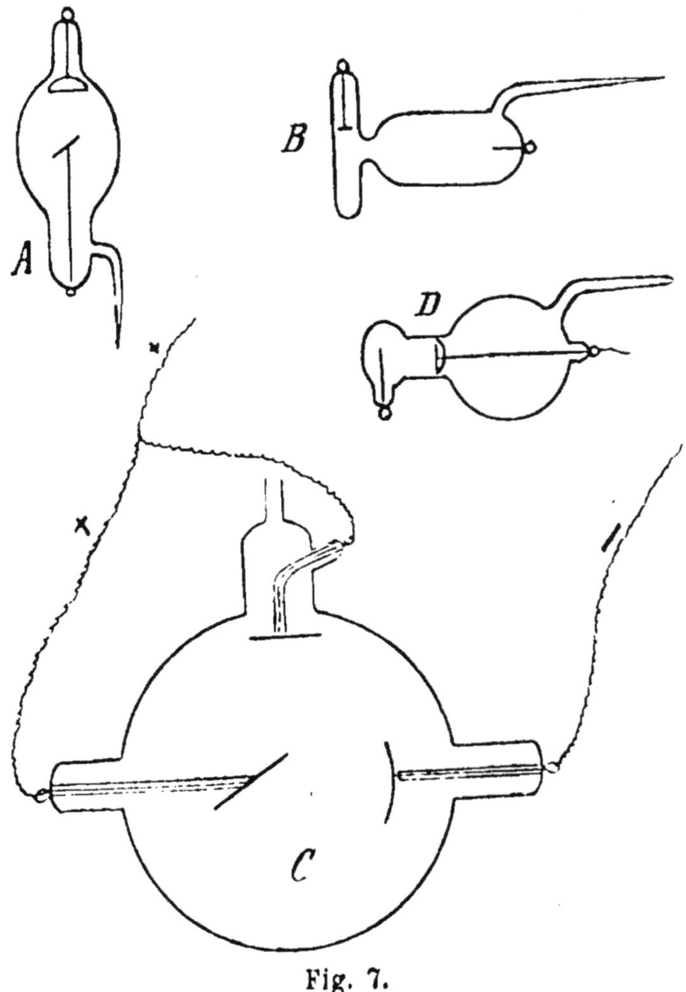

Fig. 7.

Les dernières formes d'ampoules.

lame de platine recouverte d'un mélange d'émail
et de sulfure de baryum : cette lame ne sert pas
nécessairement d'anode (fig. 7, A). M. E. Colardeau

préconise des tubes cylindriques de très petit dia·
mètre, de la dimension d'une cigarette ordinaire,
contenant une cathode de même diamètre et très
peu distante de la paroi anticathodique ; pour leur
conserver le plus longtemps possible leur pression
efficace, on soude latéralement à ces tubes des
ampoules plus ou moins volumineuses (fig. 7, B).
Tout récemment, il a fait souffler en face de l'anti-
cathode, inclinée de 45° sur le flux cathodique, un
renflement de l'ampoule, de 1/10 de millimètre
d'épaisseur seulement : ce qui rend le verre plus
transparent aux rayons X. M. Chabaud construit
des ampoules cylindriques à cathode, de forme
concave, et soude au verre, à une faible distance
de la paroi et au foyer de la cathode, un dis·
que d'aluminium constituant l'anode : une troi-
sième électrode, en palladium. fait l'office de réservoir de gaz destiné à suppléer au vide croissant
de l'ampoule (fig. 7, D). M. Seguy construit des
ampoules bi-anodiques ; les rayons cathodiques
sont envoyés par la cathode, qui a la forme d'un
miroir sphérique sur une première anode en platine inclinée de 45 degrés sur l'axe du miroir; une
seconde anode située en face de la zone où se
réfléchissent les rayons, est reliée par un embran-
chement au fil conducteur (fig. 7, C).

La qualité et la quantité des rayons émis varient

avec la nature du métal qui sert d'anti-cathode ; les meilleurs sont le platine, l'uranium, le fer.

Par ces divers moyens, on peut abaisser à quelques secondes, et même à des fractions de

Fig. 8.

Le dispositif employé au cabinet d'endographie de la société « l'Optique ».

seconde, la durée du temps de pose. En tout cas, il est toujours prudent de se rendre compte de l'intensité du rayonnement de son ampoule par quelque essai radiographique préliminaire, ou bien en mesurant le pouvoir actinique du rayonnement avec l'électroscope à feuilles d'or.

MM. Imbert et Bertin-Sans ont pu augmenter la netteté de l'image en interposant entre la plaque et le tube un diaphragme en métal ou en verre épais ; cela évidemment aux dépens de l'intensité lumineuse ; cependant, en utilisant un fait curieux signalé par ces savants et vérifié par M. Gouy, on peut obtenir des faisceaux très étroits et très intenses : il suffit de choisir les pinceaux les plus obliques émis par l'anticathode.

De son côté, M. Villari avait constaté ce fait : suivant que les rayons X passent par des tubes opaques, mi-transparents ou transparents, ils perdent beaucoup, peu ou très peu de leur efficacité à décharger l'électroscope : ce qui semblerait prouver que les rayons agissent relativement peu dans le sens de la ligne droite mais beaucoup dans des sens divergents.

La constance presque parfaite de l'intensité des rayons émis jusqu'à une petite distance de l'émission rasante s'explique bien, comme l'a observé M. Ch. Ed. Guillaume, quand on considère, au lieu de cette surface d'émission, un volume d'émission d'épaisseur finie.

VIII

QUELQUES APPLICATIONS.

La découverte du professeur Röntgen a dû son succès instantané à une belle radiographie du squelette de la main ; l'inventeur avait, du premier coup, saisi la principale application de sa méthode : l'exploration des parties profondes de l'organisme et le diagnostic des lésions internes. M. Lanne-longue a vérifié sur une radiographie de fémur des théories sur la marche des altérations dans l'ostéomyélite. De divers côtés on a pu reconnaître, par la même méthode, la position exacte dans les tissus de corps étrangers : aiguille, verre, balles de plomb, etc.

MM. Londe, Buguet et Gascard ont observé que les diamants faux sont beaucoup plus opaques à ces radiations que les diamants vrais.

MM. Girard et Bordas ont caractérisé par leurs opacités les explosifs tels que les poudres chlo-ratées, les nitro-celluloses, le fulminate de

mercure, et ont pu découvrir des dessous dange-
reux en des objets d'apparence inoffensive.

M. F. Ranwez a appliqué la radiographie à la
reconnaissance des falsifications de safran par des
matières minérales (sulfate de baryum).

On a encore appliqué les rayons au contrôle
de l'homogénéité de plaques métalliques : on peut
également vérifier par ce procédé les installations
intérieures des canalisations électriques, sans
dénuder les fils, sans briser les moulures.

La physique pure pourra sans doute tirer parti
de la nouvelle méthode, par exemple pour la
détermination de certaines densités de vapeurs,
difficiles ou impossibles à déterminer par les
procédés ordinaires.

Dans beaucoup d'applications, on a trouvé avan-
tage à substituer à la plaque photographique un
écran fluorescent, au platino-cyanure de baryum
ou au tungstate de calcium. D'après M. Sylvanus-P.
Thompson, le platino-cyanure de potassium serait
bien plus lumineux que ceux-ci ; de même que
quand il s'agit de photographier, on place l'objet
entre l'ampoule recouverte de papier noir et la
face de l'écran opposée à l'enduit phosphorescent ;
on aperçoit l'ombre de l'objet sur le fond lumineux
de l'écran. Qu'on colle cet écran à l'extrémité d'un
tube noirci et qu'on mette à l'autre extrémité de
ce tube une lentille dont la distance focale est

égale à la longueur du tube, on a un de ces instru-
ments autour duquel il s'est fait un bruit quelque
peu excessif, un *cryptoscope*.

L'inconvénient de ces écrans fluorescents est de
ne plus fournir d'image à l'instant même où la

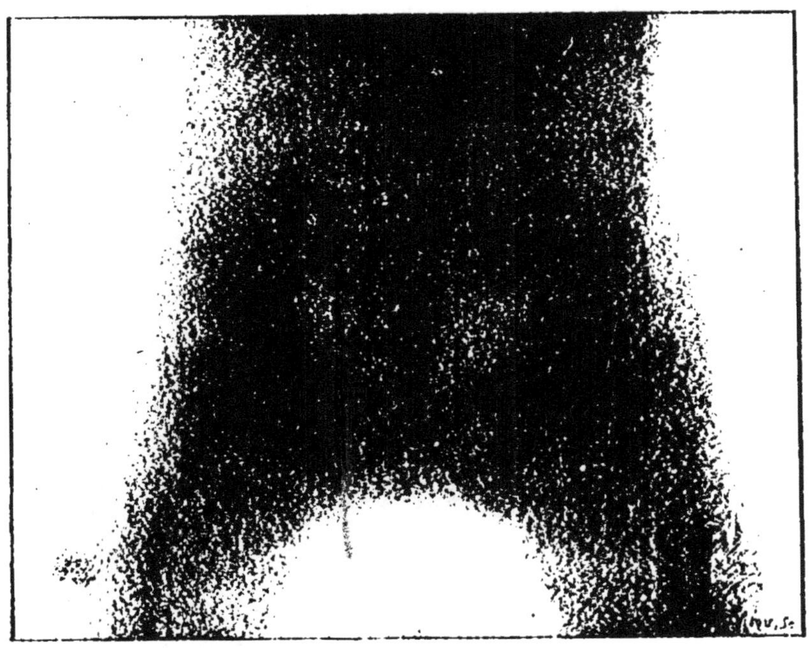

Fig. 9.

Radiographie d'un bassin.

bobine cesse de fonctionner. Avec un écran recouvert d'une couche de mon sulfure de zinc phosphorescent que j'enveloppe dans une feuille de papier
aiguille et que j'expose au rayonnement direct de
l'ampoule, appliquant sur le papier l'objet à radio-

graphier, j'obtiens des positifs radiographiques très nets après quelques minutes de pose et que l'on peut examiner à loisir dans la chambre noire pendant un quart d'heure. Le sulfure de calcium est incomparablement moins sensible. En chauffant légèrement l'écran par une résistance élec-

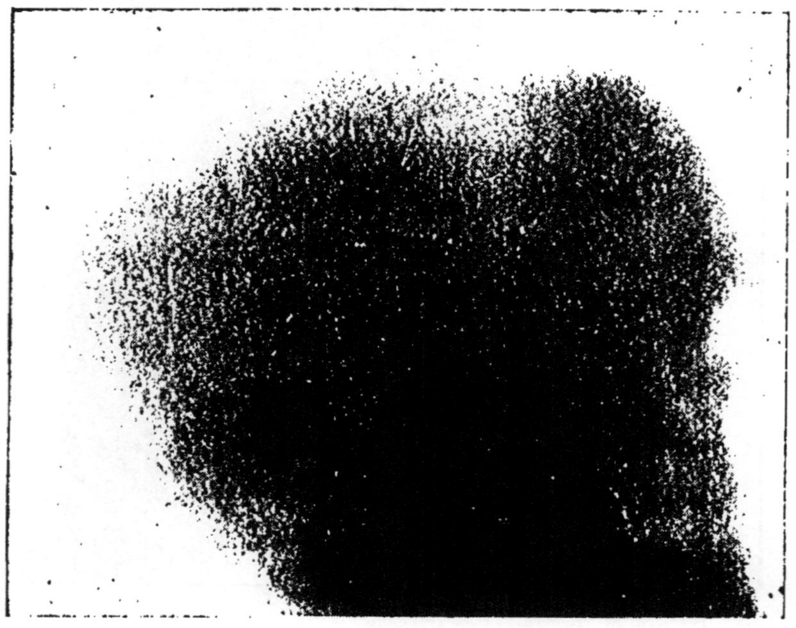

Fig. 10.
Radiographie d'un crâne avec une balle de plomb dans la région occipitale.

trique ou par toute autre source de chaleur obscure, on arrive à intensifier les clartés et à augmenter les contrastes. Il résulte de l'emploi de ces écrans, indéfiniment utilisables, une grande économie d'énergie électrique et d'ampoules.

On a pu dès le début radiographier les vertè-
bres cervicales, les os du genou ; tout récemment,
on est parvenu à faire traverser par les rayons
Röntgen le crâne, le thorax et les grandes opacités
de notre corps. Nos figures 9, 10 et 11 représentent
les derniers résultats obtenus dans cette direction,

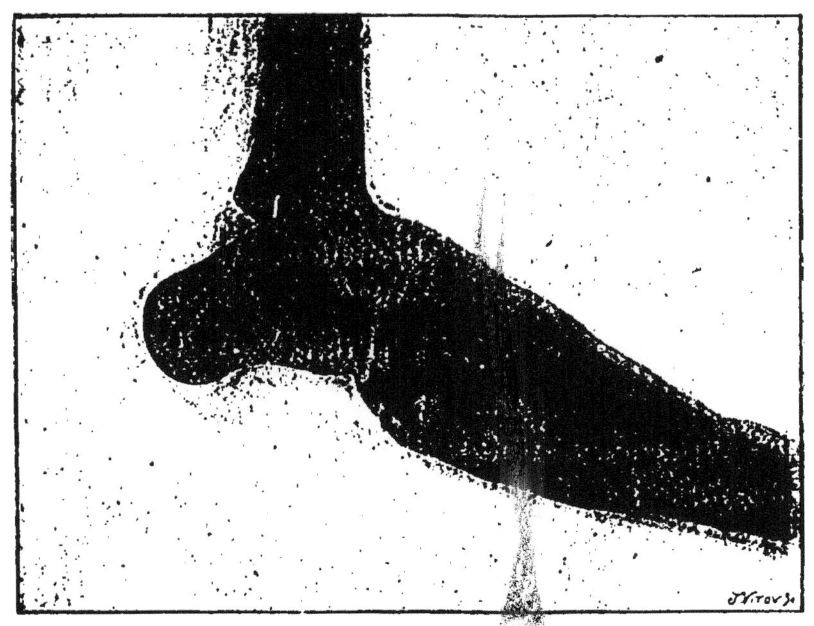

Fig. 11.

Radiographie d'un pied blessé par une charge de plomb.

en particulier, par M. Londe, au laboratoire
d'endographie de la société « l'Optique ».

Notre figure 12 représente une belle radio·
graphie des cartilages du larynx, due à M. G.
Seguy.

Il s'agit d'arriver à intensifier encore les sources

actiniques et à sensibiliser les plaques photographiques soit en trouvant d'autres excipients que la gélatine pour le bromure d'argent, soit en utilisant d'autres corps que les sels d'argent, sensibles aux rayons nouveaux.

Le rayonnement de l'ampoule est complexe; il dépend de la pression dans l'ampoule, de la nature

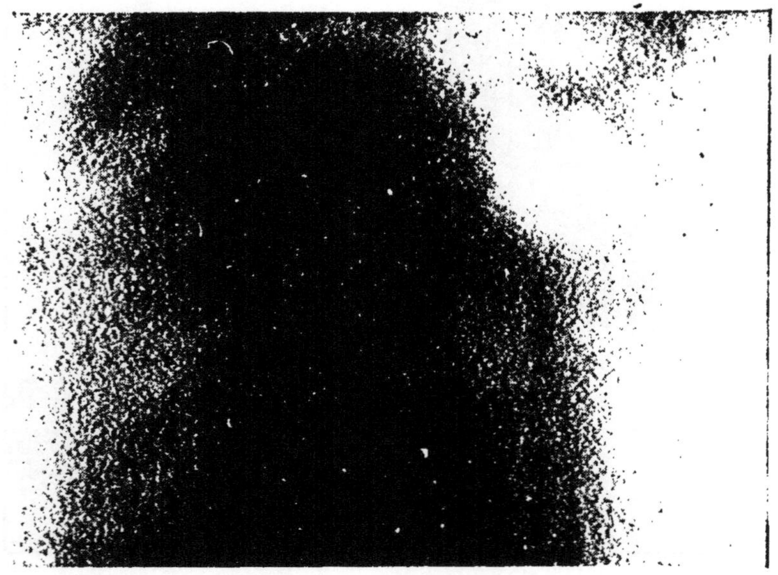

Fig. 12
Les cartilages du larynx.

de l'anticathode, etc.; aux pressions fortes dans l'ampoule, les rayons émis traversent mal la chair; dans d'autres conditions, ils traversent bien les os. C'est par une étude de ces conditions qu'on parviendra à résoudre dans toute sa complexité le problème de la radiographie des profondeurs de l'organisme.

IX

LA NATURE DES RAYONS RÖNTGEN.

Que sont les rayons Röntgen? M. H. Poincaré, dans son article déjà cité du 30 janvier, écrivait (1) : « Quoi qu'il en soit, on est bien en présence d'un agent nouveau, aussi nouveau que l'était l'électrité du temps de Gilbert, le galvanisme du temps de Volta. » Telle était bien, à cette date, cependant si rapprochée de nous, l'opinion générale des savants les plus autorisés.

M. Röntgen n'ayant trouvé ni réflexion, ni réfraction, ni polarisation, ni interférence pour ses rayons, pensait à une forme de vibrations de l'éther que l'on a songé à invoquer chaque fois qu'il a surgi quelque difficulté en optique : à des vibrations dont le sens est non pas perpendiculaire, comme celles que nous avons définies, au

(1) *Revue générale des sciences*, p. 86.

sens de propagation du mouvement, mais parallèle, à ces vibrations qui ont lieu dans un cylindre à chaque condensation ou dilatation de l'air suivant le sens du jeu du piston, en un mot aux vibrations longitudinales qui expliquent les phénomène sonores. M. Jaumann, en dotant de propriétés spéciales l'espace parcouru par des décharges électriques, a cru pouvoir rendre compte, par des vibrations longitudinales, de quelques-unes des propriétés des rayons cathodiques. Mais il ne semble pas nécessaire d'entrer dans cette voie qui présente d'ailleurs des difficultés multiples.

La physique élémentaire ne considère que la réfraction à travers les corps transparents pour notre œil; dans l'expérience classique de la décomposition de la lumière blanche par le prisme, nous voyons les couleurs d'autant plus réfractées sur l'écran que les vibrations sont plus rapides. Il n'en est plus de même avec les corps qui laissent passer des vibrations dont la fréquence est voisine de celles qu'ils absorbent. Les rayons lumineux de fréquence très rapide ne sont plus déviés par les métaux; la lumière bleue n'est déjà plus réfractée par l'or. L'indice de réfraction ne dépend pas seulement de la vitesse de propagation de la lumière dans les deux milieux; il dépend encore de la rapidité des vibrations. Il n'y a pas lieu, pour caractériser une couleur ou une fréquence quelconque de vibrations, de parler de leur réfrangibilité; deux classes de vibrations très inégalement rapides peuvent être déviées de la même quantité par un prisme. M. C. Raveau a fait valoir, le premier, ces considérations en faveur de l'idée que les rayons Röntgen ne sont que des rayons ultra-ultra-violets, de fréquence très rapide (1).

Dans une note adressée à l'Académie, le 23 mars, et publiée dans le compte rendu de la séance du 30 mars, je me suis efforcé de multiplier les arguments en faveur de cette théorie, à laquelle la découverte extrêmement probable de la polarisation des rayons X est venue apporter la preuve définitive.

Mais que sont les rayons cathodiques et quel rapport y a-t-il entre ces rayons et les rayons Röntgen? Sur les rayons cathodiques nous sommes en présence de deux théories contradictoires : la théorie de Crookes, qui y voit un bombardement moléculaire, et la théorie de Goldstein, précisée par Wiedemann et par Lénard, qui y voient des vibrations lumineuses très rapides. Chacune de ces théories adoptées exclusivement conduit à des difficultés graves. En les combinant, c'est-à-dire en considérant les rayons cathodiques comme des

(1) *Société de physique,* 7 février.

rayons ultra-ultra-violets (vibrations traversales de l'éther) compliqués de convection de matière (courant unique de l'anode à la cathode ou double courant de deux matières résultant de la décomposition du milieu de l'ampoule, peu importe), on arrive à expliquer fort bien leur déviation par l'aimant. Il faut se rappeler qu'un tel transport matériel produit les mêmes effets électromagnétiques qu'un courant constant : or, un circuit parcouru par un tel courant est dévié par l'aimant; l'aimant déviera donc dans les rayons cathodiques ce qui est assimilable à un courant constant; les rayons Röntgen qui ont tous les caractères de courant alternatifs ne seront pas déviés et de fait Lénard a pu observer sur ses photographies de flux cathodiques soumis à l'aimant que, certaines radiations étant déviées, d'autres n'étaient pas affectées par l'aimant; c'étaient les rayons X.

Il est probable que les rayons cathodiques en passant par des milieux trop denses se transforment en rayons Röntgen à la manière des bolides qui, en pénétrant dans l'atmosphère, deviennent lumineux à la suite des résistances considérables qu'ils subissent. En photographiant à l'intérieur du tube de Crookes diverses bandes de matières, M. G. de Metz a constaté que l'ordre de perméabilité de ces matières est à peu près le même pour les rayons cathodiques que pour les rayons X, sans doute parce qu'il n'avait plus affaire qu'à ces derniers rayons. On explique ainsi très bien, par cet accroissement de la proportion des rayons X avec la distance *jusqu'à une certaine limite,* la contradiction singulière qu'ils apportent à la loi de l'absorption.

Le soleil et probablement toutes les sources lumineuses un peu intenses émettent plusieurs espèces de rayons capables de traverser des corps opaques, mais peu relativement à l'ampoule de Crookes. En certaine photographie d'équipages exécutée sur le pont d'un navire, au soleil, on a reconnu, à travers les hommes, des ombres de pièces métalliques situées *derrière eux.* Parfois les corps phosphorescents, après avoir été exposés à la lumière solaire, n'émettent pas de radiations capables de traverser les corps opaques. On a supposé qu'ils perdaient cette propriété plus ou moins vite : dans cette voie, à la suite d'expériences poursuivies avec M. Seguy, j'ai constaté qu'un aggloméré de mon sulfure de zinc exposé dans l'ampoule de Crookes aux rayons cathodiques perd de son éclat avec le temps, toutes autres conditions restant les mêmes. Il est, en outre, probable que souvent les rayons de vibrations très rapides, nécessaires à l'excitation de ces corps sont, comme on le sait pour les rayons ultra-violets, absorbés par l'atmosphère. Condensés par les corps phosphorescents à la manière dont les radiations calorifiques sont condensées par le noir de fumée, les rayons X, c'est-à-dire les rayons ultra-ultra-violets du soleil, sont transformés, conformément à la loi bien connue de Stokes, par les corps luminiscents en radiations de fréquence moins rapide ; celles-ci se réfléchissent, se réfractent et se polarisent plus facilement qu'eux, quoique capables comme eux et comme d'autres radiations moins rapides encore, d'impressionner des plaques photographiques à travers des corps opaques. D'ailleurs la démonstration expérimentale vient d'être faite : MM. Winkelmann et Straubel ont constaté que les rayons X, en traversant par exemple un morceau de spath fluor, subissent une transformation qui centuple à peu près leur action photographique : la longueur d'onde des rayons dans le spath atteint 0 $\mu\mu$ 219 m. Il y a une fréquence optima des radiations pour toutes les actions photochimiques ; et il n'y a pas lieu de s'étonner que les rayons nouveaux ne fassent pas, comme les rayons ultra-violets ordinaires, détonner le mélange de chlore et d'hydrogène (Skinner).

X

CONCLUSION.

On pourra, en élargissant les théories de Maxwell, expliquer la décharge des corps électrisés par les nouveaux rayons.

L'incomparable mérite du professeur Röntgen est d'avoir démontré qu'en exposant à des oscillations électriques, peu fréquentes relativement, des corps fluorescents, les gaz raréfiés et le verre de l'ampoule, on peut leur faire émettre *directement* des radiations extrêmement rapides, douées d'un pouvoir actinique intense, sans les forcer à rayonner, de chaleur et de lumière un peu sensibles. Il y a là une donnée d'une importance capitale pour le problème si mystérieux et si captivant de la phosphorescence. Au point de vue pratique, la nouvelle découverte est le premier pas dans l'exploration de l'invisible.

Laboratoire de Physiologie des sensations
de la Sorbonne, 15 septembre 1896.

TABLE DES CHAPITRES

TABLE DES FIGURES

BIBLIOTHÈQUE GÉNÉRALE DE PHOTOGRAPHIE

BIGEON (Arm.), avocat à la Cour d'appel.— **La Photographie devant la Loi et devant la Jurisprudence**. — 1892.— 1 vol. in-18, 127 pages ; broché. . . . . **2 fr. 50**

Le livre de M. A. Bigeon vient à point pour montrer toutes les défectuosités de notre législation quant à la Photographie, pour établir toutes les erreurs de la jurisprudence, et pour montrer les réformes à y apporter afin de sauvegarder les intérêts des parties.

BUGUET (Abel), agrégé des Sciences physiques et naturelles, professeur de Physique et de Chimie au lycée de Rouen, président de la *Société photographique de Rouen*. — **La Photographie de l'Amateur débutant**. — 4ᵉ édition, revue et augmentée ; 1892. — 1 vol. in-8°, 66 pages, 44 figures et phototypographies ; broché . . . . **1 fr 25**

Le débutant trouvera dans ce petit volume le guide le plus sûr pour arriver seul à des résultats satisfaisants dès la première expérience. Il évitera à la fois les pertes d'argent et de temps qui découragent si souvent les bonnes volontés.

— **Recettes photographiques** (1ʳᵉ série).— 2ᵉ édit.; 1893. — 1 vol. in-8°, 94 pages ; broché . . . . **2 fr.**

— **Recettes photographiques** (2ᵉ série).— 1892. — 1 vol. in-8°, 115 pages ; broché . . . . **2 fr.**

Dans ces deux volumes, qui se complètent l'un l'autre, M. Abel Buguet a réuni 600 *procédés, formules, recettes, tours de main*, d'un usage constant dans le laboratoire du photographe.

— **Formules photographiques**. — 1893. — 1 vol. in-18. 174 pages ; broché . . . . **3 fr.**

Les *Formules photographiques* répondent à une nécessité de tous les instants, en débarrassant la mémoire d'une charge toujours pénible et devenue écrasante, en raison de la multiplicité des opérations courantes.

C'est le Manuel des *développements, renforcements, réductions, virages, fixages*, etc., relatifs aux procédés classiques.

— **L'année photographique 1891**. — 1892. — 1 vol. in-18 155 p., 35 fig. et 2 phototypographies hors texte ; broché. . . **4 fr.**

Tous ceux qui s'intéressent au mouvement de notre art voudront donner un dernier coup-d'œil à l'année qui a vu la reproduction définitive des couleurs par la Photographie.

·— Annuaire de la Photographie pour 1893. — 1893.—
1 vol. in-8°, 122 p., 2 phototypographies hors texte; br. **2 fr. 50**

Le monde de la Photographie est si considérable aujourd'hui, que les relations
entre les intéressés deviennent difficiles.

Amateurs, photographes, fabricants, fournisseurs, éditeurs et imprimeurs ont
constamment besoin les uns des autres et s'ignorent trop souvent. Notre
Annuaire les mettra à même de se renseigner.

BUGUET (Abel) et **GIOPPI** (Dr), directeur du journal *Il Dilet-
tante di Fotografia.* — **La Bibliothèque du Photographe** ; en *français, italien, anglais, allemand et espa-
gnol.* — 1893. — 1 vol. in-12, 84 pages ; broché . **2 fr. 50**

La *Bibliothèque du Photographe* répond à un besoin réel ; tous les photographes amateurs ou professionnels en apprécieront l'utilité.

CALMETTE (Louis), agrégé des Sciences physiques et naturelles.
— **Lumière, Couleur et Photographie.**— 1893 — 1 vol.
in-18, 115 pages. 30 fig. ; broché. . . . . **2 fr.**

Avec toute autorité et dans les formes les plus simples et abordables à tous,
M. Calmette expose les principes scientifiques et les données pratiques sur
lesquelles reposent l'*orthochromatisme* et la *reproduction photographique
des couleurs.*

Photographes et amateurs puiseront dans cette intéressante lecture toutes les
connaissances nécessaires à cette étude, alors qu'il est aujourd'hui impossible de
les trouver ailleurs.

TABLE DES MATIÈRES. — Le spectre solaire.— Les vibrations de l'éther.— Les
Couleurs.— Lumière et Couleur. — Pouvoir optique des radiations solaires.—
Comparaison des différents éclairages. — Actions chimiques des diverses radiations. — Généralités sur l'orthochromatisme. — Préparation et traitement des
plaques orthochromatiques.— Emploi des plaques orthochromatiques. — Triage
des couleurs ; polychromie.— La photographie en couleurs naturelles.

DUCHOCHOIS (P.-C.).— **L'éclairage dans les ateliers de
Photographie** (*Traduction* de G. KLARY).— 1892.— 1 vol.
in-18, 122 pages : broché. . . . . **3 fr.**

La lecture de cette brochure apprendra au photographe la manière de se
rendre maître de l'éclairage et de le faire servir pour obtenir tel ou tel effet
déterminé.

HENRY (Charles), maître de conférences à la Sorbonne. —
Les Rayons Röntgen. — In-8° de 64 pages   **1 fr. 50**

HEPWORTH (T.-C.).— **Les Travaux du soir de l'Amateur Photographe** (*Traduction* de KLARY). — 1892. —
1 vol. in-18, 282 pages, 67 figures ; broché. . . . . . . **4 fr.**

Toutes les occupations multiples auxquelles les nombreux amateurs photographes ne peuvent se livrer pendant la journée, alors que tout leur temps est
employé à exécuter des négatifs, soit à la maison, soit au dehors, sont décrites
de la façon la plus complète et la plus minutieuse dans ce nouvel ouvrage.

TABLE DES MATIÈRES.— Diamant à couper le verre.— Production des tableaux
de projections. — Procédé à l'albumine colorée. — Positifs sur verre par
réduction. — Des cadres. — Agrandissements. — Photographie au magnésium.— Photographie à la lumière électrique, etc.

— Manuel pratique des Projections lumineuses (Le livre de la Lanterne de Projections); *avec des indications précises et complètes pour obtenir et colorier les tableaux transparents pour la lanterne. (Traduction de* KLARY).— 2ᵉ mille; 1892.— 1 vol. in-18, 318 pages, 75 figures; broché . . . . **5 fr.**

Cet ouvrage a obtenu le plus grand succès en Angleterre et en Amérique ; deux éditions successives ont paru pendant l'année 1891. L'auteur est un photographe distingué et de plus un *lanterniste* de premier ordre, deux qualités essentielles pour écrire avec autorité sur ce sujet.

TABLE DES MATIÈRES. — La lanterne ; fabrication du gaz ; chalumeaux. — Les écrans. — Préparation des tableaux de projection, sans l'aide de la photographie ; sur collodion humide : sur plaques sèches : leur coloration. — Expériences variées. — Photomicrographie. — Agrandissements, etc.

KLARY (C.). — Le Photographe portraitiste — 1892. — 1 vol. in-8°. 142 p., 29 fig. et 10 pl. hors texte; broché. **5 fr.**

TABLE DES MATIÈRES. — L'art et ses règles ; le goût. — La mesure et la forme des objets ; perspective. — La lumière et l'ombre. — L'expression, le brillant, le relief. — La composition ; composition angulaire, pyramidale, circulaire. — La lumière et l'ombre dans le portrait. — Education artistique de l'œil. — L'art et le mécanisme.

— La Photographie nocturne (*Application de la lumière-éclair obtenue par la combustion du Magnésium*). — 1893. — 1 vol. in-8, 174 p., 21 fig. ; broché. . . . . **4 fr.**

L'auteur explique dans sa préface que le moment lui a semblé venu de présenter aux lecteurs français un résumé de ce qu'il a appris sur la Photographie nocturne et d'en faire profiter les nombreux amateurs ou photographes professionnels qui s'y intéressent.

LEGROS (Commandant V.). — L'Aristotypie. — 1891. — 1 vol. in-8°,195 pages, illustré d'une épreuve sur papier aristotypique LIESEGANG ; 2ᵉ édition, broché. . . . . . . **3 fr.**

— Éléments de photogrammétrie. (*Application élémentaire de la photographie à l'Architecture, à la Topographie, aux observations scientifiques et aux opérations militaires.*)— 1892.— 1 vol. in-8°, 272 p., 45 fig.; broché **5 fr.**

Ouvrage honoré d'une souscription de MM. les Ministres de l'Instruction publique et de la Guerre.

— Description et usage d'un appareil élémentaire de Photogrammétrie.— 1895. — 1 vol. in-8°. 85 pages, 1 fig. ; broché . . . . **1 fr. 50**

Dans ses *Éléments de Photogrammétrie*, le commandant V. Legros avait fait voir que tous les résultats essentiels de la méthode photographique de lever des plans, instituée par le colonel Laussedat, peuvent, sans difficulté aucune, être obtenus à l'aide de l'appareil photographique ordinaire qui se trouve entre les mains de tous les amateurs. Dans le travail actuel, il montre qu'il est toutefois possible d'abréger notablement les opérations par l'emploi d'un appareil pourvu de quelques organes additionnels très élémentaires, qui peuvent d'ailleurs s'adapter sans grands frais à tout appareil déjà existant.

La valeur de la méthode et celle de l'appareil établi en vue de son application ressortent du fait que les deux premiers exemplaires de cet appareil ont été acquis par le Ministre des Colonies pour l'usage des services géographiques de la *Côte d'Ivoire* (Mission Monteil) et du *Haut-Mékong*.

MAREY (E.-J.), membre de l'Institut, professeur au Collège de France et directeur de la *Station physiologique*, et DEMENY (Georges), préparateur à la *Station physiologique*. — **Etudes de Physiologie artistique faites au moyen de la Chronophotographie** ; Ire *partie*, n° 1 : **Des mouvements de l'Homme**. — Album oblong, de 36 cent. sur 42 cent., contenant 6 planches en photolypie BERTHAUD, qui comprennent un grand nombre de poses et plusieurs agrandissements. . . . . **4 fr.**

Franco par la poste (l'emballage devant être très soigné). **4 fr. 50**

MAUMENÉ, docteur ès-sciences. — **Manuel de Chimie photographique**.— 1893. — 1 vol. in-8, 496 p. ; broché. **5 fr.**

Les photographes, artistes ou amateurs, possèdent maintenant, grâce à M. Maumené, un ouvrage exclusivement consacré à leurs œuvres. Son livre contient en effet la description des corps employés pour obtenir les images crées par la lumière, l'explication du rôle chimique de ces corps dans les diverses opérations, en un mot le nécessaire pour n'avoir plus à chercher ces renseignements parmi d'innombrables articles plus ou moins étrangers à la Photographie. A signaler les chapitres sur les émulsions, l'albumine, les colles, la gélatine et surtout la bonne formation des images latentes.

MONET (Édouard), ingénieur civil.— **Principes fondamentaux de la Photogrammétrie ; nouvelles solutions du problème d'Altimétrie au moyen des Règles hypsométriques** —1893. — 1 vol. in-8, 64 pages, 16 fig. ; broché.. . . . . **1 fr. 50**

Dans son opuscule, M. Monet montre qu'on peut transformer, à peu de frais, un appareil photographique ordinaire en un photogrammètre. Les explorateurs feront bien de lire avec attention cet excellent petit ouvrage et ils rapporteront de leurs voyages des photographies qui, en ne perdant rien de leur pittoresque, seront documentaires et permettront de faire la carte des régions parcourues.

(La Photographie).

NIEWENGLOWSKI (Gaston-Henri), président de la *Société des Amateurs Photographes*, directeur du journal « *La Photographie* ».— **L'Objectif photographique ; fabrication, essai, emploi**.— 189. — 1 vol. in-12, 61 pages, 21 figures ; broché. . . . . **2 fr.**

L'auteur nous apprend comment on fait le verre, comment on le taille pour former une lentille, comment les lentilles sont assemblées pour donner un objectif. Dans un chapitre spécial, il indique *de quelle façon l'amateur peut pratiquement se rendre compte de l'objectif qu'il vient d'acheter,* comment en un mot, il peut et doit l'essayer. Enfin, un dernier chapitre, réservé à la conservation des objectifs, indique les précautions à prendre pour éviter la détérioration de cet instrument indispensable. *Photo-Journal.*

TABLE DES MATIÈRES — Introduction : Historique.— Diverses sortes de verres. — Fabrication du verre. Taille des lentilles. — Collage des lentilles. — Fabrication des montures ; montage des verres. — Essai des objectifs. — Conservation des objectifs.

-- La Photographie en voyage et en excursion. —
1891.— 1 vol. in-8, 54 pages, 2 fig. ; broché . . . . . **2 fr.**

L'auteur donne quelques conseils au photographe qui part en voyage ou en excursion. On est souvent embarrassé, avant de partir, pour savoir ce qu'il faut emporter : en route, pour savoir si l'on doit révéler de suite les plaques utilisées ou attendre le retour; pour savoir quels sujets il faut choisir; pour réparer son appareil s'il a été détérioré, etc. L'ouvrage répond à ces diverses questions ; il est donc indispensable au photographe amateur aussi bien que professionnel, lorsqu'ils se déplacent.

TABLE DES MATIÈRES. — Du matériel à emporter. — Entretien du matériel en voyage. — Le laboratoire en voyage. — À l'œuvre. — Les manipulations photographiques en voyage. — Varia.

— Utilisation des vieux Négatifs et des Plaques voilées. — 1891.— 1 vol. in-8, 40 pag. ; broché. . . **2 fr.**

Le photographe, amateur ou professionnel, a toujours un stock de vieux clichés ou de plaques voilées dont il ne sait que faire. Avec ce petit opuscule, il apprendra à en tirer facilement un bon parti en faisant soit de nouvelles plaques sensibles, soit des vitraux aux couleurs les plus variées, soit des verres dépolis, dégradeurs, cuvettes, autocopistes, etc.

TABLE DES MATIÈRES.— Utilisation des vieux négatifs.— Utilisation des plaques voilées. — Usages divers, etc.

— Formulaire aide-mémoire du Photographe (Amateur et Professionnel).— 1 vol. in-8, 2e édit., entièrement revue et augmentée de tableaux nouveaux, d'un lexique en 4 langues et d'un index alphabétique ; broché. . . . . . **3 fr.**

L'auteur a réuni, avec la collaboration des membres de la *Société des Amateurs photographes,* tous les renseignements indispensables à ceux qui s'occupent de Photographie. Ils y trouveront en particulier l'exposé aussi net que possible de la question si délicate du *temps de pose,* de la *pratique du développement* et du *virage,* les propriétés de tous les corps employés en Photographie, etc. L'ouvrage renferme peu de formules ; mais elles sont toutes excellentes, et de nouvelles formules permettent d'établir de nouvelles formules ou recettes appropriées à ses besoins.

— La Photographie de l'Invisible *au moyen des rayons X, ultra-violets, de la phosphorescence et de l'effluve électrique (Historique, théorie, pratique* des expériences de MM. Röntgen, G. Seguy, Ch. Henry, J. Perrin, G. Le Bon, A. et L. Lumière, Ch. V. Zenzer, Tommasi, etc.), in-8° avec nombreuses figures dont plusieurs reproductions phototypographiques de clichés obtenus par MM. Imbert et Bertin, Sans, A. Londe, G. Seguy, Ch. V. Zenzer, etc. . . **1 fr. 50**

— Notions élémentaires d'Optique photographique.—
2 volumes : *(en préparation)*

1° Optique géométrique : Étude des divers types d'Objectifs ; Problèmes pratiques. *(Sous presse)*.

2° Photométrie graphique ; Temps de pose ; Isochromatisme. *(En préparation)*.

NIEWENGLOWSKI (Gaston-Henri) et ERNAULT (Armand), licenciés ès-sciences. — **Les Couleurs et la Photographie** *(Reproduction photographique directe et indirecte des Couleurs : historique ; théorie ; pratique)*. — 1895.— 300 p., figures et planches hors texte; broché. . . . . **6 fr.**

TABLE DES MATIÈRES.— I. *Propriétés de la lumière :* Propagation ; Réflexion et réfraction ; Dispersion ; Spectre ; Lentilles. — II. *Nature de la lumière :* Les couleurs ; Ondes liquides, sonores, lumineuses ; Interférences : les couleurs dans la théorie des ondulations ; La lumière, forme de l'énergie ; Étude des radiations : La couleur des corps et l'absorption. — III. *L'Œil et l'Appareil photographique :* Formation des images ; Action des couleurs sur la rétine, et sur la plaque photographique ; Théorie et pratique des procédés isochromatiques : Méthode des trois écrans colorés de M. Lippmann. — IV. *Chromophotographie ou reproduction photographique directe des couleurs :* Essais de Becquerel, Niepce, etc. ; Méthode interférentielle de M. Lippmann ; Exposé : Théorie ; Pratique. — V. *Photochromographie ou reproduction photographique indirecte des couleurs :* Historique et principe des méthodes indirectes : Ranconnet, Ducos du Hauron, Vidal, etc. ; Analyse des couleurs ; Tirages polychromes ; Impressions polychromes ; Héliochromoscope et stéréochromoscope ; Projections polychromes ; Conclusion.

NIEWENGLOWSKI (G.-H.), directeur du journal *La Photographie,* et **ERNAULT (A.),** licenciés ès-sciences. **La Photographie directe des couleurs** (chromophotographie), par le procédé de M. Gabriel Lippmann. — *Historique ; théorie ; Pratique.* Un volume broché de plus de 100 pages, imprimé sur beau papier, avec nombreuses figures dans le texte et hors texte, dont deux portraits en photographie. — — Prix. . . . . **2 fr. 50**

TABLE DES MATIÈRES.— Historique : Recherches d'Edm. Becquerel, de Niepce de St-Victor, de Poitevin, etc. ; Découverte de M. Lippmann. — Théorie du procédé de M. Lippmann. — Pratique du procédé de M. Lippmann. — Conclusion. — L'avenir de la chromophotographie.

REULLIER.— Devant la nature *(Albums Reullier)* Albums contenant chacun 10 pl. photographiques (16 cm. $\times$ 25 cm.), représentant des animaux, des fleurs, des paysages, des marines, des académies, des personnages, des documents artistiques, etc.

1re Série : **Bains de mer.** . . . . **2 fr. 50**
2e Série : **Paysages.** . . . . **2 fr. 50**

SORET (A.), agrégé des Sciences, professeur de Physique au Lycée et à l'École supérieure de Commerce du Hâvre, président de la *Société hâvraise de Photographie*. — **Cours théorique et pratique de Photographie.** — 2 volumes :

    1º **Formation des images et leur développement** (*Phototypes*). — 1894. — 1 vol. in-8, 278 pages, 74 figures ; broché . . . . **5 fr.**

    2º **Obtention des épreuves positives et principales applications de la Photographie.** — 1895. — 1 vol. in-8, 320 pages, 50 figures ; broché . . . . . . **5 fr.**

Cet ouvrage est particulièrement écrit pour l'amateur photographe.

La compétence de l'auteur en pareille matière ne saurait être contestée ; elle est un sûr garant du succès de cette nouvelle publication.

Toutes les précautions à prendre pour arriver à d'excellents résultats y ont été indiquées avec le plus grand soin : les formules ou recettes données par l'auteur sont celles qui lui ont paru les meilleures.

Ce livre sera surtout utile aux débutants pour lesquels il sera un guide précis, clair et sûr.

Nous le présentons avec confiance à tous ceux qui désirent s'initier aux diverses opérations photographiques.   *La Photographie.*

TISSERAND (L.). — **Causeries sur la Photographie.** — vol. in-8, 124 pages, nombreuses figures et photogravures ; broché . . . . **1 fr. 50**

TRANCHANT (L.). — **La Photocollographie simplifiée** (*Phototypie*). — Procédé permettant d'obtenir rapidement, sans matériel et à un prix de revient insignifiant, des épreuves inaltérables aux encres grasses. In-8º avec figures dans le texte . . . . **2 fr.**

— **Le vade-mecum du cycliste amateur photographe.** In-18 de 52 pages . . . . **1 fr.**

A LA MÊME SOCIÉTÉ D'ÉDITIONS

ENCYCLOPÉDIE DES CONNAISSANCES PRATIQUES

I. — **Comment s'obtient le Bon Vin**, par Maumené (E.-J.), Docteur ès-sciences, Lauréat de l'Institut.

In-8 de 238 pages, 51 figures, broché............... **3 fr. 50**

II. — **Les fermentations**, par Bourquelot (Emile), Docteur ès-sciences, Professeur agrégé à l'Ecole supérieure de pharmacie de Paris, Pharmacien en chef de l'hôpital Laënnec.

In-8 de 205 pages, illustré de 21 figures intercalées dans le texte. Prix : cartonné.................................... **4 fr.** »

III. — **Les Grandes Cultures de la France**, par Larbalétrier (Albert), Professeur à l'Ecole d'agriculture du Pas-de-Calais.

1 vol. sur beau papier, in-8 de 360 p. Prix : cartonné.. **4 fr.** »

IV. — **Instructions pratiques sur l'Utilité et l'Emploi des Machines agricoles sur le terrain. — *LABOURS*. —** par Debains (Alfred), Ingénieur des Arts et Manufactures, Professeur de génie rural à l'Ecole nationale d'agriculture de Grand-Jouan.

In-8 de 217 pages, illustré. Prix : cartonné........... **4 fr.** »

V. — **Instructions pratiques sur l'Utilité et l'Emploi des Machines agricoles sur le terrain. — *SEMAILLES*. —** par Debains (Alfred), Ingénieur des Arts et Manufactures, Professeur de génie rural à l'Ecole nationale d'agriculture de Gran-Jouan.

In-8 de 224 pages, illustré. Prix : cartonné........... **4 fr.** «

VI. — **L'Hygiène nouvelle dans la Famille**, par Cancalon (le Dr A.-A.) — Préface du Dr Dujardin-Beaumetz, membre de l'Académie de médecine. — (2e édition).

In-8 de 208 pages : broché, **3 fr. 50**, cartonné...... **4 fr.** »

VII. — **L'Industrie du Gruyère**, par Martin (Ch.-J.), Ingénieur agronome, Directeur de l'Ecole nationale de l'Industrie laitière de Mamirolle (Doubs).

In-8 de 328 pages, avec figures et plans dans le texte. Prix : broché, **3 fr. 50**, cartonné........................... **4 fr.** »

VIII. — **Instructions pratiques sur l'Utilité et l'Emploi des Machines agricoles sur le terrain. — *RECOLTES*. —** par Debains (Alfred), Ingénieur des Arts et Manufactures, Professeur de génie rural à l'Ecole nationale d'agriculture de Grand-Jouan.

In-8 de 208 pages, illustré. Prix : cartonné .... **4 fr.** »

IX. — **Comment s'obtient le Bon Cidre**, par de Champville (Fabius) Officier d'académie, Chevalier du Mérite agricole.

In-8 de 304 p., avec 63 fig. dans le texte. Prix : broché **3 fr. 50**
Cartonné.. **4 fr.** »

X. — **Les Ferments solubles (Diastases)**, par Bourquelot (Emile), Docteur ès-sciences, Professeur agrégé à l'Ecole supérieure de pharmacie de Paris, Pharmacien en chef de l'hôpital Laënnec.

In-8 de 220 pages, broché, **3 fr. 50**, cartonné........ **4 fr.** »

Envoi franco contre mandat postal.